AF461613

LE VRAI MANUEL DES AGRICULTEURS

DÉDIÉ

A MONSEIGNEUR LE DUC DE FRONSAC.

Par M. TOUTANT DES GUIBERTS.

A PARIS,
De l'Imprimerie de MICHEL LAMBERT, rue des Cordeliers, au Collége de Bourgogne.

M. DCC. LXVII.

A MONSEIGNEUR

LE DUC DE FRONSAC,

MARÉCHAL DES CAMPS

ET ARMÉES DU ROI.

MONSEIGNEUR,

LA bonté avec laquelle vous voulûtes bien accueillir mon Voyageur véridique,

& la Chronologie de l'Hiſtoire Univerſelle, avec les Tables de Synchroniſme, que j'eus l'honneur de vous préſenter il y a quelques années, me fait prendre la liberté de vous dédier, de nouveau, LE VRAI MANUEL DES AGRICULTEURS: *c'eſt un petit Traité ſur l'Agriculture-Pratique, que j'oſe vous préſenter, & que je donne à mes Patriotes, pour leur prouver avec quel zèle je deſire leur être utile.*

Je m'eſtimerois heureux, Monseigneur, ſi vous vouliez bien, par une continuation des mêmes bontés, me permettre de le mettre au jour ſous votre protection. C'eſt une faveur que j'attends de cet amour que vous avez pour le peuple, & ſpécialement pour tous ceux qui ont le bonheur de vous approcher, & dont vous raviſſez les cœurs par toutes les bonnes qualités dont vous êtes orné. J'ai l'honneur d'être avec un reſpect très-profond,

MONSEIGNEUR,

Votre très-humble, très-obéiſſant & très-ſoumis ſerviteur,

TOUTANT DES GUIBERTS.

AVERTISSEMENT.

LE titre de ce petit Ouvrage annonce quel a été mon but en le faiſant imprimer. Occupé depuis une longue ſuite d'années à la culture des terres, j'ai ſcrupuleuſement examiné leurs différentes eſpéces, pour connoître le profit qu'un Cultivateur pouvoit tirer de chacune. Convaincu qu'on ne doit jamais juger les objets les uns par les autres, j'ai toujours eu recours à l'expérience, qui m'a démontré que les plantes & les ſemences qui réuſſiſſoient dans un endroit, dépériſſoient dans l'autre, & que les différens ſols avoient différentes propriétés. Ne regardant la théorie que comme un guide incertain, j'y ai joint la pratique, & je ne parle que d'après elle.

N'écrivant que pour des Laboureurs, j'ai employé le ſtyle le plus ſimple, mais le plus clair. Je n'ai d'autre but que de leur communiquer les connoiſſances que le travail m'a acquiſes : mes vœux ſeront remplis, s'il s'en trouve parmi eux quelques-uns qui en profitent. Je ne m'étendrai point ſur l'utilité du travail ; tout le monde eſt convaincu que c'eſt le ſeul moyen de réuſſir dans toute eſpéce d'entrepriſe.

LE

LE VRAI MANUEL DES AGRICULTEURS.

Ille meas errare boves, ut cernis, & ipsum
Ludere quæ vellem, calamo permisit agresti.
Virg. Egl. I.

AVANT-PROPOS.

EN vain je chercherois à prouver l'utilité de l'Agriculture; plusieurs Ecrivains l'ont entrepris avant moi, & leur éloquence a mérité les suffrages du Public. La modestie, dont j'ai toujours fait profession, ne me permet point d'emprunter le secours de l'art; mes efforts ne tendront qu'à conduire mon lecteur, de gradation en gradation, au peu de connoissances que j'ai acquises. Pour y parvenir, je lui présenterai le tableau des expériences que j'ai faites, & des réflexions qui les ont ſuivies. Si je puis réuſſir, mon but ſera rempli; je me croirai heureux d'avoir été de quelque utilité à mes compatriotes.

Qu'il ſoit permis à un amateur de l'Agriculture de s'arrêter un inſtant pour plaindre le ſort de ceux qui la cultivent. Ils ſont l'ame d'un Etat, ils en ſont la richeſſe; leur travail eſt pénible & utile; ce ſont leurs mains qui nous préſentent les dons les plus précieux de la nature; ſur leur viſage ſont empreintes les peines & les fatigues qu'ils ont eſſuyées pour les obtenir; ces marques diſtinctives de leur état demandent de la conſidération, & elles ſont, à la honte de l'humanité, un objet de mépris.

L'étonnement continue, en voyant que ce mépris s'étend juſques ſur leur travail. Les obſtacles qu'on apporte aux progrès de l'Agriculture ſe multiplient dans tous les cantons de la France. Ici l'on trouve des terres incultes: un Cultivateur actif & vigilant veut les labourer; mais ce ſont des communes, tous les habitans des environs ſe réuniſſent,

& s'oppoſent à ſon travail. Selon les uns, c'eſt un uſurpateur qui veut envahir leur bien; ſelon les autres, c'eſt un ambitieux qui cherche à augmenter ſes richeſſes au-delà de ce qu'elles doivent être : enfin, ajoutent d'autres, c'eſt un bien qui nous appartient, ne le laiſſons pas ravir; nous y envoyons paître nos beſtiaux, & cela nous épargne beaucoup de peines. Dans ce dernier raiſonnement on trouve le motif qui devroit engager à abolir les communes : elles fomentent la pareſſe des gens de la campagne : ils s'attendent qu'elles nourriront leurs beſtiaux une partie de l'année, & dans cette confiance ils s'adonnent avec moins d'ardeur au labourage. Ainſi l'Etat perd le produit qu'on pourroit retirer de ces terres incultes; & la négligence qu'elles occaſionnent diminue celui des particuliers.

Mon deſſein n'eſt cependant pas de demander qu'on prive les Paroiſſes de leurs communes; c'eſt un bien qui leur appartient, on ne peut le leur ravir; la juſtice, qui doit être le guide de toutes nos actions, le défend. Il eſt facile de concilier les intérêts des Paroiſſiens avec ceux de l'Etat. On peut louer ces communes, ſoit à bail, ſoit autrement, & employer le prix du loyer aux réparations des chemins, & à payer une partie de la taille qui eſt aſſiſe ſur la Paroiſſe, ou à d'autres uſages, dont les Paroiſſiens conviendront dans leurs aſſemblées.

L'Angleterre, toujours occupée du bien de l'Etat, a réuni toute ſon attention ſur l'Agriculture, & l'a portée au plus haut degré de perfection. On y a aboli toutes ces communes, & on y cede toujours à des part-prenans ce qu'ils veulent mettre en valeur.

En France les Particuliers qui veulent cultiver des communes ſont en butte à la haine de leurs voiſins, comme nous venons de le dire. Ce n'eſt pas tout, ceux qui forment des compagnies pour deſſécher des marais, pour défricher des landes, des terres incultes, commencent par encourir la haine du Public, qui prétend que c'eſt l'avidité, non le zèle qui les conduit. Ils trouvent enſuite des obſtacles inſurmontables du côté des Seigneurs circonvoiſins, qui prétendent que ces deſſéchemens &

ces défrichemens portent atteinte à leurs fiefs.

Le grand Sully, ce Ministre dont la mémoire doit être à jamais précieuse à la France, apperçut ces inconvéniens, & y remédia avec cette fermeté dont ceux qui remplissent sa place doivent s'armer, lorsqu'ils ont pour objet l'intérêt de l'Etat. Voyant que le défrichement & le desséchement des terres rencontroient des obstacles de toute espéce, il résolut d'appuyer de toute sa protection les premieres compagnies qui le requerroient pour cet objet. Douze compagnies, qui demandoient à dessécher & à cultiver les marais du Bas-Poitou, lui présenterent l'occasion de remplir son projet : il la saisit avec empressement. En vain les Bernardins de Moureille, les Bénédictins de Luçon, de S. Michel en l'Herme, les Religieux de Talmont, MM. de Mastin, de la Claye, &c. allerent demander justice à M. de Sully, & le prier de les mettre à couvert d'un tel attentat. Ce sont les termes dont ils se servirent. Le Ministre leur répondit froidement : » Je » crois que ce défrichement est utile à

» l'Etat, & je regarderai comme ses » ennemis ceux qui s'y opposeront. » Ils répliquerent à cette réponse : » Puis-» que ces défrichemens & ces desséche-» mens sont utiles, nous demandons la » préférence, & reclamons le privilége » de les faire nous-mêmes. » Le Ministre reprit : » Je ne vois dans votre » conduite que de la passion & de l'in-» justice. La préférence est dûe à ceux » qui se sont présentés les premiers. La » loi dit : Les premiers Demandeurs » doivent être les premiers impétrans ; » je dois la suivre, & je la suivrai. » Rien ne fut capable de lui faire changer de résolution, & il eut le plaisir de voir, avant de mourir, ce pays devenir un des plus riches du Royaume. Lorsqu'il entra dans le Ministere, Marans ne payoit au Roi que cent livres pour tous subsides ; avant sa mort, cette Paroisse en payoit dix-sept mille qui la gênoient moins que les cent. Aujourd'hui qu'il n'y a plus de terres en friche, elle en paye quarante cinq mille avec plus de facilité encore qu'elle ne payoit les cent premieres.

Il est aisé de juger par cet exemple

combien les desséchemens & les défrichemens seroient utiles à l'Etat Je connois en France une Généralité qui n'est qu'à cinquante lieues de Paris, & dans un si beau pays, qu'on l'appelle le jardin de la France : il y a plus de cinquante mille arpens de terres incultes. On connoît l'utilité de les cultiver; mais personne n'ose se présenter, par le dégoût des obstacles qu'on rencontre toujours dans ces occasions.

Le Ministere d'aujourd'hui sent, il est vrai, combien les défrichemens seroient utiles à l'Etat; il suit les principes du grand Sully. Le Roi a rendu plusieurs Edits & Déclarations pour encourager les Cultivateurs; mais les obstacles continuent toujours : ils ne cesseront que quand on donnera des ordres aux Intendans d'arrêter les criailleries des Particuliers, & les chicaneries des Seigneurs.

Je me suis proposé d'annoncer dans cet Ouvrage le soin qu'on doit prendre pour examiner les différens terreins, la maniere dont chacun doit être cultivé, les différentes semences auxquelles il est propre, &c. Je dirai un mot des beſtiaux, & des précautions qu'on doit prendre contre ceux qui en font trafic. On trouvera à l'article des ſemences un petit détail ſur différentes productions qui ne ſont connues que dans quelques cantons du Royaume, & qui pourroient réuſſir par-tout, ſi on ſe donnoit la peine de les cultiver. A la fin de ce petit Traité je démontre, par la pratique, la bonté de mes conſeils.

CHAPITRE I.

Différens Terreins.

L'EXPÉRIENCE prouve tous les jours qu'il n'y a point de terrein infructueux, & qu'un Cultivateur en tire toujours du profit, lorſqu'il y met les ſemences qui lui ſont convenables, & c'eſt en cela que conſiſte la véritable ſcience du Laboureur.

On peut diviſer les terres en Fermes, Métairies, & Cloſeries. Les unes ſont hautes & aſſiſes ſur des côteaux; d'autres ſont baſſes, & ſituées dans des fonds ou marais.

En général, les terres hautes ne ſont pas ſi bonnes que les terres baſſes; ſouvent même leur qualité dépend du climat, des aſpects. Les collines voiſines y font régner un vent toujours dangereux; elles ſont plus expoſées aux différentes influences de l'air; enfin les recoltes n'y ſont jamais ſi abondantes que dans les terres baſſes. Elles ont, pour ainſi dire, beſoin d'un engrais continuel, parce qu'il eſt ſans ceſſe emporté dans les bas par les pluies.

Si le ſol de vos terres hautes eſt un terrein ſec, aride, & rempli de pierres, il faut, avant d'y rien ſemer, conſidérer ſon aſpect. Lorſqu'il eſt expoſé au midi, on doit y planter de la vigne, en cas que le climat y ſoit propre, & ſuivre tout ce que la prudence & l'œconomie enſeignent ſur la culture des vignes. Quantité de Cultivateurs ſont effrayés des premiers frais qu'ils ſont obligés de faire pour parvenir à mettre un vignoble en valeur. Le plus ſûr moyen eſt de s'adreſſer à un Vigneron qui joigne la probité aux talens; il épargnera la moitié des faux frais qu'entraîne cette exploitation.

Lorſque l'aſpect du terrein n'eſt pas avantageux à la vigne, on peut y ſemer des glands ou des châtaignes, y former un taillis; il réuſſira très bien. J'en ai fait pluſieurs fois l'expérience. Quoiqu'il n'y ait rien de difficile dans ce genre de culture, il eſt cependant à propos de la faire faire par un homme entendu. Il arrive quelquefois que le terrein de ces hauteurs eſt d'argile, de terre à pots, ou de terre froide; dans ce cas il eſt fort ingrat : mais s'il s'y trouve un peu de ſable mêlé, comme il arrive entre Vendôme & Château-Reneau, la luzerne, le ſain-foin, le froment même y viennent aſſez bien. Le ſain-foin y réuſſit toujours lorſqu'on le ſeme épais. Cette plante produit auſſi beaucoup dans les terres de tuf, même dans le ſable, pourvu qu'on n'épargne pas la graine. J'ai des terres ſablonneuſes qui, depuis dix-huit ans, rapportent toujours avec le même ſuccès.

Enfin ſi les terres hautes ſont argileuſes, il eſt difficile d'en tirer parti. J'ai cependant éprouvé que les arbres fruitiers s'y plaiſent, & y rapportent abondamment, pourvu qu'ils ſoient éloignés de dix-huit à vingt pieds les uns des autres. Il faut avoir ſoin de faire mettre au fond de chaque foſſe environ un pied de ſable. Le poirier, le pommier, le prunier même de Sainte Catherine y réuſſiſſent très-bien. Il m'eſt ſouvent arrivé de faire une double récolte de ce terrein ingrat : je faiſois ſemer ſous les arbres des pois, des haricots, & du bled de Turquie.

Les terres hautes qui forment un plane, c'est-à-dire qui ne sont point en pente, se trouvent souvent maigres ou sablonneuses, il faut alors y semer du mil ; l'expérience prouve qu'il y vient très-bien. En y mettant un engrais convenable, on peut encore leur faire produire, avec assez d'abondance, des oignons, des haricots, du bled de Turquie, de l'ail, des asperges, des artichaux, des navets, &c. Il y a cependant des terres hautes qui sont si maigres, si arides, qu'on ne peut leur faire produire ni bled, ni légumes. On ne doit pas pour cela les laisser incultes ; on peut les mettre en futaye de toute espéce, y planter même des mûriers blancs ; l'expérience m'a prouvé qu'ils venoient parfaitement bien dans les terreins qui paroissoient les plus ingrats.

Les Cultivateurs établis sur des terres hautes sont en général plus laborieux que ceux qui habitent les terres basses. La raison en est simple : les derniers se fient sur la bonté & la fertilité de leur terrein ; les autres sont obligés de réparer par des travaux continuels l'ingratitude du leur.

CHAPITRE II.

Plaines, Marais, ou terres basses, Bocages.

IL est difficile de décider si les marais sont plus propres à l'Agriculture que les plaines. Pour s'en assurer, il faudroit que deux Cultivateurs également habiles cultivassent une égale étendue de terrein des deux espéces, & qu'ils tinssent un registre exact du produit de leur travail. S'il m'est permis de donner mon avis, je dirai que la plaine, lorsqu'elle a une quantité suffisante de bois, est plus avantageuse pour un habile Cultivateur.

Je conviens qu'on peut élever une fois plus de bêtes à cornes dans les marais que dans les plaines; mais dans ce dernier terrein on peut élever plus de chevaux & de mulets que dans l'autre, & par-là se procurer un avantage au moins égal à celui du premier.

Les marais, ou terres basses, sont, en général, fertiles, & abondans en grains

& en pâturages ; mais il n'y a point de terres qui varient davantage. Toutes les terres basses sont sujettes aux inondations ; les unes par le débordement des rivieres, les autres par le gonflement des sources qui se trouvent sous le sol ; quelques-unes par des torrens ou égoûts des eaux de pluie qui suivent la pente du terrein, & s'égoûtent naturellement des hauteurs circonvoisines. Celles qui sont sujettes au débordement des rivieres sont sans contredit les plus fertiles. Toutes les rivieres traînent avec leurs eaux un limon rempli de nitre & de sels, qu'elles déposent si-tôt qu'elles sont hors de leur lit, à cause du repos momentané dans lequel elles se trouvent. Ces sels occasionnent une fermentation qui force la terre à produire avec abondance. Enfin ces terres n'ont besoin que de canaux, ou fossés d'écoulement, pour empêcher que les eaux débordées ne séjournent trop longtems sur la surface de la terre, ne la détrempent, n'étouffent les bonnes herbes, & ne leur fassent succéder les joncs & la parelle. Il faut encore avoir soin de faire curer ces fossés tous les ans ; cette légere dépenſe procurera une récolte très-abondante.

Les terres les plus difficiles à mettre en valeur ſont celles où ſe trouvent des ſources & des ſourdis. Les eaux ont perdu leurs ſels & leur nitre dans les diverſes filtrations par leſquelles elles ont paſſé ; en arrivant ſur la ſurface de la terre, elles ſont claires & limpides. Souvent même ces eaux ont paſſé au travers de matiéres minérales, & en ſont imprégnées ; elles rendent ſpongieux le terrein ſur lequel elles s'arrêtent, & y dépoſent les parties minérales dont elles ſont chargées. Ces parties minérales brûlent & détruiſent toutes les productions de la terre : enfin tout ce qui croît dans ces terres eſt toujours maigre & rare.

Pluſieurs Laboureurs ont voulu cultiver ces terres ; mais faute d'intelligence, ou par trop d'œconomie, ils ont perdu leurs peines, & perſonne aujourd'hui ne ſe met en devoir de les cultiver. Cette eſpéce de terrein eſt très-négligé en France ; mais on pourroit cependant en tirer un parti avantageux, comme je vais le démontrer.

Un Seigneur fort reſpectable me fit une conceſſion de trois cens arpens de marais de l'eſpéce dont je viens de parler, c'eſt-à-dire d'une terre aigre, ſubmergée, & dont on n'avoit jamais pû tirer parti. J'en fis un terrein parfait, & preſqu'auſſi fertile que ceux qui ſont ſujets aux inondations des rivieres, & ſans y faire une dépenſe exceſſive.

Je commençai par faire niveler ces marais; je marquai enſuite par une rangée de pieux la direction la plus baſſe du ſol, pour ouvrir un canal que je fis excaver de ſix pieds de profondeur, ſur douze de largeur. Je fis partager tout le terrein en piéces de trois & de quatre arpens chacune, ſéparées par des foſſés de quatre pieds de profondeur, ſur trois de largeur. On répandit ſur le ſol toutes les terres provenues des excavations, & on ne fit de crête ni ſur le canal, ni ſur les foſſés. Le terrein reſta tout l'hiver dans cet état. Au mois de Mars ſuivant je fis ouvrir les terres avec le pic : le ſol s'étoit affaiſſé de plus de deux pouces, ce qui prouvoit que les eaux s'égoûtoient dans le canal & dans les fossés. Le mois de Septembre suivant je fis labourer tout ce terrein avec la charrue ordinaire ; je recommençai au mois de Mars la même opération, & fis semer cent arpens en avoine, cent autres en foin : ces derniers étoient des terres basses. La récolte que je fis cette année me paya & au-delà tous les frais que j'avois été obligé de faire. L'année suivante je mis du froment dans les cent arpens où il y avoit eu de l'avoine, ainsi que dans les cent autres qui n'avoient pas été ensemencés. Le terrein que j'avois mis en pré rapporta pendant dix ans avec toute l'abondance que je pouvois desirer. Enfin j'ai changé toute la disposition de ce terrein : je l'ai partagé en trois métairies, à chacune desquelles j'ai attaché cent arpens. Je loue chacune sept cens vingt livres. Les Fermiers que j'y ai mis me payent exactement, & sont à leur aise.

CHAPITRE III.

Défrichement.

POUR faire un bon défrichement, il faut employer le feu, prendre un tems très froid, lorſque le vent eſt au Nord, ou au Nord Eſt. On doit cependant prendre garde que le vent ne porte les flammes dans des bois qu'on n'a pas le projet de brûler. Lorſque le feu a conſumé ce qu'on veut détruire, il faut attendre que la pluie ait détrempé la terre, qu'on doit ouvrir alors avec la charrue. Un homme ſuit cette charrue pour arracher les racines. Il faut après cela laiſſer repoſer la terre pendant quelques jours, au bout deſquels on la laboure encore, mais dans un autre ſens. Cette opération faite, on la laiſſe repoſer pendant deux mois, ou environ, afin que l'air la pénetre & la rempliſſe de ſels. Au bout de ce tems il faut la labourer encore deux fois, & laiſſer une diſtance de quinze jours entre chaque. Toutes ces opérations étant faites, on peut l'enſemencer, mais avec la précaution de n'y mettre que ce qui lui eſt propre.

Pour autoriſer ce que je viens de dire, je rapporterai un exemple qui s'eſt paſſé ſous mes yeux en 1765. Un Particulier entreprit de défricher dix ou douze arpens de terrein ſec, aride & ſitué dans un lieu fort élevé (1). On n'y voyoit que des fours à chaux. Il commença par faire ouvrir ce terrein avec le pic, fit enſuite paſſer la charrue deſſus, fit tirer les pierres qui y étoient; on en trouva une ſi grande abondance, qu'il en eut aſſez pour faire conſtruire un mur de clôture. Il fit encore paſſer la charrue ſur ce terrein, & y ſema de l'orge, ſans engrais ni préparation quelconque. Sa recolte lui fournit vingt boiſſeaux pour un; ce qui eſt ordinaire dans tous les lieux nouvellement défrichés.

(1) Champigny-le-ſec, entre Saumur & Fontevrault.

CHAPITRE IV.

Bois, Futayes, Haies, Arbres.

LA trop grande quantité de bois eſt nuiſible à toutes les ſemences ; ainſi il faut placer, autant qu'on le peut, une futaye ſur le bord des chemins. Si l'on n'en a pas la commodité, on doit la mettre ſur des hauteurs. Malgré cette derniere précaution les racines des arbres nuiſent encore à la production des terres voiſines. On peut remédier à cet inconvénient, en faiſant une tranchée de trois pieds de profondeur, ſur deux & demi de largeur, pour la ſéparer des endroits qui ſont enſemencés. Les arbres jettent ordinairement des racines à plus de dix toiſes, & enlevent tous les ſels qui ſont propres aux ſemences. Les haies ont le même inconvénient, & je blâme beaucoup ceux qui en plantent autour de leurs jardins. J'ai éprouvé moi-même combien elles portent de préjudice. J'avois un jardin aſſez bien ſoigné dans une maiſon de campagne où je paſſois ordinairement l'été : près de la maiſon il y avoit un vuide de trente cinq pieds de largeur, ſur trois cens de longueur. On l'avoit deſtiné à faire un parterre ; mais on en fit une allée qui devint par la ſuite un jeu de boulle. Je fis planter une charmille des deux côtés de cette allée ; elle pouſſa très-bien ; mais à meſure qu'elle profitoit, des aſperges qui étoient aux environs dépériſſoient. Comme elles avoient toujours été de la plus grande beauté, je fus étonné de ce changement ; & en ayant ſoupçonné la cauſe, je fis faire l'automne ſuivante une tranchée entre elles & la charmille. Mes aſperges reprirent de la nourriture, & revinrent dans leur ancienne beauté.

Les bons Laboureurs diſtinguent le bled de plaine & de marais d'avec celui de bocage. Ils prétendent que le dernier eſt plus petit & moins farineux que le premier, parce que les arbres attirent des *brouillards* (1), dont il

(1) Ils aſſurent que dans les tems où il n'y a pas la moindre apparence de roſée dans la plaine, les arbres des bocages ſont tout mouillés & dégoutent,

tombe une grande partie ſur les grains. Le ſoleil, qui ne peut y donner que quand il eſt très-élevé, échauffe tout-à coup cette roſée, la fait bouillir; en bouillant elle échaude le bled, & l'empêche de profiter.

Je joins mon ſentiment à celui-là, & je dis que pluſieurs cauſes concourent à rendre le bled du bocage inférieur à celui des autres lieux. 1°. La terre eſt appauvrie par la prodigieuſe quantité de racines qui partent des arbres & des arbriſſeaux. 2°. Le feu central qui opére ſi myſtérieuſement ſur toutes les plantes, n'eſt pas développé par l'air, parce que l'action en eſt arrêtée par les arbres.

Ceci ne tend pas à prouver que les bois ſont inutiles dans une Métairie, ou Ferme; j'en connois l'utilité : mais il faut bien choiſir le lieu où on les place. Un arpent ſemé en glands, ou en châtaignes, revient de premiére dépenſe, compris celle du défrichement, à 70 livres, & il rapporte au moins tous les neuf ans, lorſqu'il n'eſt ni rongé, ni brouté, ni rabougri, trois cens livres. J'en ai vû de ſemés en châtaignes qui rapportoient jusqu'à douze cens livres, frais & dépenses de l'exploitation prélevés.

Il ne faut pas moins de précaution pour les haies, que pour les bois & les futayes Lorsqu'on en plante sur la crête des fossés, on doit avoir la précaution de les mettre en-dehors des piéces dont on veut tirer des récoltes. Au reste, je crois qu'elles sont plus nuisibles qu'utiles, & qu'on ne doit en planter que le long des voies, chemins, ou sentiers.

Les Cultivateurs mettent depuis long-tems en question s'il est nécessaire, pour la production, de laisser les terres à découvert, ou s'il ne résulte aucun inconvénient de planter des arbres sur la crête ou jettée des fossés & des canaux. Chaque opinion a ses partisans; les uns disent que l'ombre qu'occasionnent ces arbres dans les pacages, rend les herbes sur lesquelles elle donne plus froides que dans les autres endroits, & qu'elle cause aux bestiaux qui en mangent des coliques dont quelquefois ils meurent. Ils prétendent qu'elle nuit beaucoup au bled dans les endroits labourés. D'autres assurent qu'on doit planter des ſaules dans ces endroits, parce que, ſelon eux, ces arbres ne ſont tort ni aux moiſſons, ni aux prairies; leurs racines, au contraire, venant à ſe marier dans les terres qui ſont ſur le bord des foſſés ou canaux, empêchent l'éboulement. Par-là on en tire double avantage; ils évitent la dépenſe qu'on ſeroit obligé de faire pour l'entretien des foſſés & canaux, & produiſent tous les cinq ans une récolte de bois. Les partiſans de ce ſentiment ajoutent que ces arbres font beaucoup de bien aux moiſſons; ils mettent les bleds à l'abri du vent, les empêchent de ſe coucher; ce qui arrive fréquemment dans les endroits bas, où l'air n'a pas une iſſue ſi directe que ſur les hauteurs.

Pour moi, je crois qu'on doit garnir d'arbres les canaux & les foſſés; mais il faut plus de précaution qu'on n'en prend. 1°. On ne doit y planter que des frênes : ils y viennent très-bien. 2°. Il faut les planter à vingt pieds les uns des autres. 3°. On ne doit leur laiſſer que dix pieds de tige, & les rendre têtars. Cet arbre eſt préférable à tout autre,

autre, parce qu'il n'a rien de malfaisant : son ombre est salutaire, & il écarte tous les animaux venimeux.

Les arbres, comme nous l'avons dit ci-dessus, sont nécessaires dans une terre ; mais il faut les varier autant que le terrein le comporte : ils ont chacun leur utilité. L'orme & le chêne sont, comme on le sçait, les meilleurs bois de charpente ; & lorsqu'on a quelque réparation à faire dans ce genre, il est agréable d'en trouver chez soi : tout le monde connoît d'ailleurs le profit qu'on en tire en les émondant. Je n'entrerai dans aucun détail sur l'utilité des châtaigniers ; personne ne l'ignore. L'acacia est fort recherché par les Tourneurs & les Charrons : le frêne ne l'est pas moins. L'osier est d'un très-grand produit, & ne donne aucune peine pour le cultiver. Un arpent bien planté en osier rapporte, tous frais faits, quarante écus par an. C'est le seul bois qu'employent les Vanniers.

Un Cultivateur entendu peut tirer parti des mûriers & des vers à soye. Il se trouve toujours dans l'étendue d'une ferme quelque terrein qui est incommode par sa situation, & ne produit rien, il faut y planter des mûriers blancs. Je n'expliquerai ni la maniere de les cultiver, ni celle d'élever les vers à soye. On trouve chez tous les Libraires un petit Traité en deux volumes *in-12*, qui en dit assez. Une fille de 15 ans peut faire cet ouvrage qui n'occupe que six semaines, au bout desquelles on voit le fruit de son travail.

CHAPITRE V.

Différentes semences.

LORSQU'UN Cultivateur connoît les différentes qualités de sa terre, il faut qu'il examine ce qui pourra lui produire davantage, & qu'il agisse en conséquence. Il doit toujours être instruit du prix de chaque denrée dans les marchés voisins, & connoître les lieux où la récolte est moins abondante.

Je ne m'arrêterai point ici à parler des grains qu'on seme ordinairement dans toutes les campagnes de la France;

Je me bornerai à donner une idée de quelques productions qui ne ſont cultivées que dans certains cantons, & qui pourroient réuſſir par-tout. La premiére qui ſe préſente à mon eſprit eſt le chanvre ; il eſt d'un aſſez bon rapport. Il demande beaucoup de ſoin : il faut que la terre dans laquelle on le met ſoit bonne, bien préparée, fumée & labourée pluſieurs fois de ſuite. On le ſeme depuis le 20 Mars, juſqu'au 20 Avril ; lorſqu'on attend plus tard, il ne réuſſit preſque jamais. Comme les petits oiſeaux ſont très-friands de cette graine, je crois qu'il faut la ſemer un peu épaiſſe, & la couvrir de terreau.

Le lin eſt encore plus avantageux : il demande une terre forte & bien préparée. Il ne réuſſit jamais dans les climats froids, à la différence du chanvre qui y réuſſit aſſez bien. Il eſt à propos de ſemer deux fois le lin : la premiére, dans le courant de Septembre ; c'eſt celui qu'on appelle lin de la S. Michel. Si l'hiver n'eſt pas trop dur, il réuſſit mieux, & devient plus beau que celui qu'on aura ſemé au mois de

Mars ſuivant. Cette plante eſt très-ſenſible aux intempéries de l'air. J'ai éprouvé que le lin, pour bien réuſſir, demandoit à être mêlé avec de la cendre ; qu'il falloit prendre un tems ſec, & paſſer le rouleau par-deſſus.

Le ris eſt encore d'un très-bon produit. Il demande un terrein bas & humide, abreuvé, même preſque noyé les deux tiers de l'année : il réuſſit auſſi bien dans un terrein maigre que dans un gras, pourvu qu'il ne manque pas d'eau. Celui qui lui convient cependant le mieux eſt le fond des étangs, lorſqu'on les a détruits. Il exige qu'on les tienne toujours propres, & qu'on en arrache toutes les herbes étrangeres qui y croiſſent pour l'ordinaire en abondance, à cauſe de la fraîcheur de la terre.

Le ſenevé, ou la moutarde, eſt inconnu dans preſque toutes les Provinces, quoique le profit qu'on retire de ſa culture ſoit aſſez conſidérable. Il faut le mettre dans des terreins perdus, ou ſur des crêtes de foſſés, & le ſemer fort clair, à-peu-près comme on ſeme des navets, ſans y faire aucune préparation. On en fait la récolte au mois de Juillet, avant que les gousses ne s'ouvrent. Il ne faut le couper que le matin & le soir, parce qu'il est sujet à s'égrainer pendant la chaleur. On le met par fagots, & on le bat sur un linceul. On n'a pas besoin d'en semer de dix ans; la graine qui tombe naturellement suffit pour les récoltes suivantes. Je connois des endroits où l'on en recueille depuis cinquante ans, sans jamais en semer. Depuis que les Hollandois ont trouvé une teinture singuliere dont la graine de moutarde est la base, elle est si recherchée, que j'ai vû vendre le boisseau plus cher que celui de froment.

Le colsac ou la navette se seme comme le seigle, & dans le même tems. Il est d'un assez bon produit, parce qu'on en tire de l'huile qui tient lieu de celle d'olive en plusieurs endroits. D'ailleurs, les cardeurs en font usage, & elle sert beaucoup à brûler. A la voir dans les champs, on la prendroit pour des navets.

On peut tirer autant de profit des terres maigres & sablonneuses, que des graſſes, en y ſemant du ſafran & du mil. J'ai connu des gens qui, par ce moyen, faiſoient valoir un arpent de mauvaiſe terre juſqu'à deux cens livres par an.

J'avois ſouvent entendu dire à un ancien Laboureur que le fil qui provenoit de l'ortie de la grande eſpéce étoit ſupérieur à celui du chanvre, & qu'on en pouvoit faire une très-belle & très-bonne toile. Pour en faire l'expérience, je pris une femme à journée dans le mois de Septembre; je la chargeai d'arracher toutes les orties qu'elle trouveroit dans le village & aux environs, de les lier par fagots, comme on fait le chanvre, & de les laiſſer le long des murs où elle les auroit ramaſſées. Au bout de huit jours elle vint me dire qu'elle en avoit cueilli vingt mille fagots: le lendemain je les fis ramaſſer dans une voiture. Je fis rouir cette ortie, & apprêter comme le chanvre. On en tira une très-belle filaſſe, & j'eus à la fin de l'année une très belle & très-bonne piéce de toile. Comme j'avois fait ramaſſer la graine qui en étoit provenue, je la fis ſemer le long des murs de certains clos ; mais elle ne produisit rien. L'année suivante je pris deux femmes de journées, qui ramasserent le double de ce que j'avois eu l'année précédente. Je fis aussi chercher des racines d'orties à la fin des vendanges : on les planta le long des hayes & des buissons ; enfin dans tous les endroits de ma terre qui ne produisoient rien. Cette précaution me réussit parfaitement, & j'en ai tiré tous les ans des toiles aussi belles & aussi bonnes que celles de lin.

CHAPITRE VI.

Chevaux, Bestiaux.

LORSQU'UN Cultivateur a exécuté tout ce que demande le labourage, il doit s'occuper de ses chevaux & de ses bestiaux. S'il a quatre cens arpens de terre, il lui faut un étalon, & huit jumens propres à produire de bons & de beaux poulains, c'est-à-dire des chevaux de bonne race ; non pas de ces rosses, ou chevaux rabougris dont se servent la plûpart de nos Laboureurs.

Je crois pouvoir dire un mot de la négligence qui regne dans plusieurs Provinces à l'égard des chevaux. Les paysans vont acheter dans les foires voisines des jumens usées par le travail, ou éclopées ; le bon marché les séduit. Lorsqu'ils les ont emmenées, ils les laissent saillir par le premier cheval qui se rencontre : c'est un mauvais bidet de chaudronnier forain, ou un cheval tellement ruiné, qu'on l'a abandonné, n'en pouvant plus tirer de service : il en vient un cheval qui, à treize mois, vaut à peine vingt-quatre livres.

Pour produire des chevaux de race, il seroit à souhaiter que toutes les jumens de réforme des écuries du Roi & des Seigneurs, au lieu d'être vendues à Paris, pour y être tout-à-fait usées sur le pavé, comme cela se pratique, fussent envoyées aux Intendans des Provinces, pour être vendues aux Laboureurs qui pourroient en tirer un parti avantageux à l'Etat. Je crois que cet article est assez intéressant pour mériter l'attention du Ministere.

La production des bestiaux est négligée dans les deux tiers de la France,

& très-mal entendue dans l'autre. Les payſans préferent une petite vache bretonne, qui a un beau deſſous, pour parler comme eux, à une grande vache ſuiſſe, flandrine, ou poitevine, parce qu'elle leur coûte une fois moins, & qu'elle donne à peu près autant de lait & de beure. Il eſt cependant certain qu'une vache de la grande eſpéce rapporte le double de profit. 1°. Les veaux qui en proviennent ſont bien plus grands & plus forts : ils ſeront vendus beaucoup plus cher, parce que toutes les petites vaches ne produiſent que des avortons dont on ne fait aucun cas. Enfin ſi l'on faiſoit un calcul exact du produit d'une vache de la grande eſpéce, on trouveroit qu'au bout de dix ans elle rapporte douze cens livres, par la vente de ſes veaux. Une vache de la petite eſpéce rapporte à peine quatre cens livres pendant ce tems. 2°. Lorſqu'une vache de la grande eſpéce vieillit, on l'engraiſſe, & on la vend au boucher le double de ce que vaut une petite.

Ces différens abus auxquels les Cultivateurs ſe laiſſent aller, ſont encore augmentés par les usuriers. Quelques-uns avancent des bleds & des semences aux Laboureurs aux conditions les plus honteuses : cette usure est connue, & les Magistrats la répriment autant qu'ils peuvent. Il y en a une autre plus cachée, & par conséquent plus difficile à réprimer. Je veux parler de celle qu'exercent les Marchands de chevaux & de bestiaux. J'en ai connu qui, dans moins de dix ans, ont ruiné vingt ou trente Laboureurs, dont les enfans mendient leur pain de village en village.

Lorsqu'un Cultivateur a perdu par accident un cheval, un mulet ou un bœuf, il s'adresse ordinairement à un Marchand qui lui donne à crédit l'animal dont il a besoin : mais c'est un animal ruiné. Le Marchand, pour tromper le premier acheteur, l'a engraissé en le poussant de nourriture : mais le Laboureur n'en peut tirer aucun service ; l'animal succombe en très-peu de tems. Le Laboureur retourne chez le Marchand, & se laisse encore tromper. Le tems de payer arrive : le Marchand avide veut recevoir son argent ; il fait vendre ses meubles, ses ustenciles, &c.

Voilà un homme perdu pour l'Agriculture ; & cette perte se multiplie tous les jours.

Pour arrêter ces abus, si contraires au bien de l'Etat, il faudroit donner plus de crédit aux Cultivateurs, afin que, dans un besoin d'argent, ils en pussent facilement trouver au cours des places, ou chez les Notaires.

Les Cultivateurs devroient chercher avec soin des brebis de la grande espéce, ils en tireroient de grands avantages. Les toisons de chacune rapportent douze & quatorze livres de laine, qui, par sa beauté & sa finesse, est souvent vendue le double de la laine ordinaire. Chacune rapporte en outre trois ou quatre agneaux par an. Enfin elle produit à son maître vingt livres chaque année, toute dépense prélevée.

Les brebis de la grande espéce ont le corps plus élagué que les autres ; leurs côtes sont moins évasées : mais leurs flancs sont plus larges, leurs oreilles sont plus longues & pendantes : elles portent la tête plus haute. Elles sont si familieres, qu'elles importunent quelquefois. Il faut les exposer au froid, parce que le chaud leur eſt contraire ; la chaleur même des étables les fait dégénérer. On peut les faire voyager : elles font cinq à ſix lieues par jour, pourvu qu'elles ſoient bien nourries. Lorſqu'on les fait voyager, & qu'on les voit tomber en ſyncope, s'abattre ſans pouvoir ſe relever, c'eſt le ſang qui leur monte à la tête, l'œſophage qui s'engorge ; il faut les ſaigner au front avec des ciſeaux ou un canif ; mettre ſur la ſaignée de la pouſſiere, ou du champignon qu'on appelle de la veſſe de loup ; & le lendemain faire la même opération à la queue : elles ſont guéries dans peu de tems. Cette maladie les prend quelquefois en route, lorſqu'elles vont le nez au vent ou au ſoleil. D'ailleurs, comme les brebis en général ne rendent point de vents par l'anus, ils s'amaſſent avec les alimens dans l'orifice de leur eſtomach. Lorſqu'il s'y en eſt amaſſé une certaine quantité, elles ſont fort malades. Pour les ſoulager, il faut les embraſſer par les flancs, & les ſerrer très-fort ; on leur fait jetter par la bouche une prodigieuſe quantité de vents, & elles ſont auſſi-tôt guéries.

Voici la méthode que j'ai toujours obſervée pour ſoigner ces brebis : je la crois bonne ; depuis trente ans je n'en ai pas perdu dix. J'ai fait faire autour d'une cour un angar, ſous lequel on a mis des rateliers doubles, afin que les brebis puiſſent manger des deux côtés : ils ſont aſſez élevés pour qu'une brebis puiſſe paſſer deſſous ; mais un mouton de dix-huit mois ne peut le faire.

Le long des murs il y a des auges ou mangeoires élevées à vingt pouces de terre. J'y fais mettre ſoir & matin un peu de ſon, un peu d'avoine, d'orge, de pois, & un quarteron de ſel, le tout bien mêlé ; c'eſt la portion de dix brebis. Au-delà de l'angar, ſous les goutieres, il y a des baquets de tonnellerie, toujours remplis d'eau claire & fraîche. Je fais nettoyer tous les jours les auges & les baquets, & balayer toutes les ſemaines les murs & le toît, afin d'ôter les araignées & leurs toiles qui ſont un poiſon mortel pour les brebis. Depuis le premier Octobre, juſqu'au premier de Mai, je fais mettre du regain dans les rateliers, afin que mes brebis trouvent à manger en rentrant & pendant la nuit. Tous les matins, lorsqu'elles sont parties pour aller aux champs, je fais donner aux vaches ce qui reste dans les rateliers.

Depuis le premier Mai, jusqu'au premier Octobre, je ne leur fais rien donner pour la nuit, parce qu'elles trouvent assez à manger dans les champs; qu'elles y vont de grand matin, & en reviennent fort tard. Je leur fais cependant donner à manger pendant le jour, lorsqu'elles rentrent. Sous l'angar, dans l'endroit qui fait face au midi, j'ai fait faire, avec des planches, un emplacement pour renfermer les agneaux. J'ai encore fait faire un endroit séparé, où je mets les brebis malades.

Depuis la Toussaint jusqu'à Pâques, on les fait sortir à huit heures du matin, & on ne les fait rentrer que le soir sur les quatre heures. Il faut y donner plus d'attention que dans les autres tems, parce que les meres sont pleines, & que les agneaux sont pêle-mêle avec elles. Depuis Pâques jusqu'à la Toussaint, elles sortent au soleil levant, & on les fait rentrer sur les neuf heures, lorſque le ſoleil commence à monter. Elles prennent le frais ſous l'angar juſqu'à quatre heures du ſoir qu'elles retournent aux champs, d'où elles ne reviennent qu'après le ſoleil couché. Dans cette ſaiſon on ſépare les agneaux de leurs meres, & on les éleve comme ceux de la petite eſpéce.

Le noir muſeau & la galle ſe guériſſent très-facilement avec du tabac mâché, & appliqué ſur les boutons. Si-tôt qu'on s'apperçoit qu'une brebis eſt attaquée de quelque maladie, il faut la ſéparer des autres. Lorſque les agneaux ſont ſevrés, il faut traire les meres ſoir & matin. Leur lait eſt très-délicat; on en fait des fromages excellens. On doit ceſſer de les traire au mois de Septembre, parce qu'elles ſe font saillir depuis le commencement de ce mois, juſqu'à la fin de celui d'Octobre. On peut tondre toutes les brebis en général à la mi-Mai; mais les agneaux de l'année ne veulent l'être qu'au mois de Septembre. On ne doit vendre les moutons, que lorſqu'ils ont paſſé trois ans. J'en ai gardé au-delà de dix ans, à cauſe du produit de leur laine, & je ne ſuis pas le ſeul qui ſuive cette méthode. On les vend encore à cet âge depuis trente juſqu'à trente-ſix livres. Le prix ordinaire eſt trente.

Pluſieurs perſonnes prétendent que les moutons de la grande eſpéce ſont peu délicats, & ont mauvais goût; mais cela vient de ce que ceux qui en ont de la grande eſpéce ne font ſervir un bellier que trois ans, au bout deſquels ils le coupent ou le tordent, l'engraiſſent, & le vendent aux bouchers comme mouton tors ſous la mere. Je conviens que la chair de cet animal doit être de mauvais goût, même déſagréable. On ne doit cependant pas conclure que tous les moutons de cette eſpéce ſont dans le même cas. Le boucher de l'Hôtel-Dieu en tue beaucoup pendant le Carême, & perſonne ne s'en plaint; au contraire, tout le monde en fait l'éloge. D'ailleurs, leur laine étant d'un très-bon produit, on attend qu'ils ſoient vieux pour les vendre aux bouchers, & ils ne ſont jamais ſi bons à dix ou douze ans, qu'à trois ou quatre. M'étant propoſé de donner un repas, j'en fis nourrir un de deux ans avec des pois, de l'orge & de la veſce; il étoit ſi tendre, le goût en étoit ſi agréable, que tous les convives en furent étonnés.

On me demandera: pourquoi ces brebis, étant d'un ſi bon rapport, ne ſont-elles pas plus communes en France? La raiſon en eſt ſimple: le payſan, naturellement jaloux, ne peut ſe réſoudre à partager, même avec ſes amis, un avantage réel: ceux qui ont de ces brebis en connoiſſent le produit, & n'en veulent céder à perſonne. Si quelqu'un ſe trouve dans le cas d'avoir beſoin d'argent, il les cede à des bouchers pour un prix modique, plutôt que d'en accepter la valeur des Particuliers. D'ailleurs, il prend ſi bien ſes précautions, que celles qu'il vend ne peuvent être tranſplantées; elles ne ſont bonnes que pour la boucherie. Parmi les agneaux de l'année, il trie ceux qu'il veut garder; pluſieurs ſont deſtinés à faire des moutons, & à augmenter le troupeau; les femelles remplacent les vieilles meres: les autres ſont enlevés dans moins de quinze jours par les bouchers qui les tuent sur le champ, parce qu'on ne pourroit les mener un peu loin ; ils périroient en route : l'expérience l'a démontré plus d'une fois. Il faut qu'une brebis, pour être menée un peu loin, ait un an, & qu'elle ne soit pas au dessus de dix huit à vingt mois. Un belier peut souffrir la route à six mois. Ce tems qui seroit propre à les mettre en route, est précisément celui où les paysans ne veulent pas les vendre ; & quelqu'offre qu'on leur fasse, ils ont toujours des raisons pour refuser.

L'expérience m'a prouvé qu'on pouvoit transplanter ces brebis dans toute sorte de pays ; elles y réussissent très-bien. J'ai même fait coucher mon troupeau à l'air pendant deux hivers de suite, & dans les froids les plus rigoureux ; je ne l'ai même fait mettre à couvert que pour éviter les grandes chaleurs. Mes brebis ne se sont jamais mieux portées ; leur laine avoit acquis une qualité supérieure à celle des années précédentes.

Les cochons rapportent un profit assez considérable, pour n'être pas négligés du Cultivateur. Lorſqu'il a ſur ſa terre du taillis, de la futaye, enfin du gland & de la châtaigne, il ne doit pas manquer d'avoir pour le moins un mâle & ſix femelles. S'il eſt intelligent dans cette partie, les ſix meres lui rapporteront chaque année ſix cens livres de profit. Ceux qui veulent tirer parti de ce commerce champêtre, doivent toujours chercher des cochons de la grande race, & de la plus belle eſpéce. Elle ſe trouve du côté de Berſuire, S. Hilaire-de-Voux, & la Châtaigneraye en Poitou : certains cantons du Périgord & du Limoſin en fourniſſent auſſi.

Un Cultivateur ne doit pas négliger les abeilles; elles coûtent peu de ſoins, & rapportent beaucoup.

EXPÉRIENCES

Qui peuvent servir de guide aux Cultivateurs.

UNE affaire de famille m'appella à Paris en 1735. J'y liai amitié avec un Garde du Roi, avec lequel je logeois & mangeois. L'ayant trouvé un jour fort triste, je lui en demandai la cause : il m'apprit la mort de son pere, & me montra une lettre de son frere aîné qui lui offroit une pension de trois cens livres, ou la propriété de deux petites Métairies (1) affermées ensemble trois cens livres. Ce jeune homme me dit qu'il venoit de faire une perte d'autant plus grande, que son pere lui fournissoit chaque année plus de six cens livres avec lesquelles il se soutenoit honnêtement dans son Corps, & que borné à trois cens, il étoit obligé de se retirer.

L'amitié me rendit sensible à sa dou-

(1) La Valade & la Scioutade, situées en Périgord.

leur. Je lui dis de marquer à ſon frere qu'il ſe rendroit en peu de tems au pays, & qu'il ſe décideroit ſur le parti qu'il avoit à prendre. Je me rendis ſur les lieux avec lui : je trouvai que les deux Métairies faiſoient un domaine de cinq cens arpens, remplis de landes, de bruyeres & de mauvais taillis; à peine y avoit il trente arpens labourés. Ils étoient cultivés par deux miſérables Fermiers, ſi pauvres, que je n'ai de ma vie rien vû de pareil; les enfans étoient tout nuds, & manquoient de pain un tiers de l'année.

Après avoir tout examiné & combiné, je lui conſeillai d'accepter la propriété des deux Fermes, lui promettant d'en porter le revenu à deux mille écus par an. Sur ma parole, il s'en fit faire une ceſſion par contrat paſſé pardevant Notaire. Nous nous rendîmes enſuite à Paris où je lui fis prêter douze mille livres hypotéquées ſur ſes terres, où nous retournâmes promptement.

Je commençai mon travail par une grande piéce d'environ cinquante-neuf arpens. Elle étoit remplie de mauvais chênes têtars & rabougris, de quelques arbres fruitiers, de hayes, de buissons, de bruyeres, &c. Je fis tout arracher & labourer. Le sol étoit argileux, & froid. En fouillant un demi-pied, on en trouvoit un d'une meilleure qualité; il étoit même passable. J'y fis planter à la bêche huit mille pieds de châtaigniers qui pouvoient avoir trois ou quatre ans. On sema encore des châtaignes en travers, afin que leur production remplaçât le plan qui pourroit manquer. Ainsi d'un terrein inculte & infructueux, je formai un taillis, & le fis environner de fossés très-larges, pour en rendre l'entrée difficile aux bêtes qui y auroient causé beaucoup de dommages.

Je trouvai plusieurs piéces écartées qui pouvoient former environ trente à trente-deux arpens : elles étoient situées dans des fonds, & servoient de retraite aux grenouilles, ne produisoient que des joncs, des parelles, &c. Il y avoit dans différens endroits de ce terrein des espéces de bassins où l'eau croupissoit, parce que les terres voisines étant plus élevées, l'eau s'y égoûtoit continuellement. J'y fis faire, à peu de frais, des fossés profonds & larges de cinq à six pieds à l'entrée, prenant toujours la précaution de suivre le niveau du sol, & de ne faire excaver que les parties basses. Je fis jetter du frai de poisson dans ces fossés, & il y a si bien réussi, qu'on y pêche communément du poisson de huit à dix livres. On laboura ensuite ce terrein, & on y sema de la graine de foin qu'on avoit ramassée dans des fenils d'auberges.

Sur une éminence opposée, il y avoit environ quarante six arpens renfermés dans une même piéce. Le sol étoit très-aigre, & parsemé de cailloux. On y donna trois labours avec le pic, & on y sema des glands. Cette futaye a si bien réussi, que c'est aujourd'hui le plus beau bouquet de bois qu'on trouve dans le pays.

Je suivois dans ma marche la méthode que j'ai déjà donnée. Les châtaignes sont fort recherchées dans le pays : Bordeaux n'en trouvant pas dans son voisinage la quantité qui lui est nécessaire, en fait venir de fort loin & à grands frais. Ces raisons m'engagerent à commencer mon exploitation par un taillis de châtaigniers. Je fis enſuite des prairies, & pour cela j'attaquai l'habitation des grenouilles. Tout homme capable de jugement ſentira que ces terres ſont d'un grand rapport, lorſqu'on les met en valeur, quoique la plûpart des Cultivateurs ne daignent pas les exploiter. L'expérience m'a prouvé qu'avec un peu d'art on peut en faire les prairies les plus avantageuſes qu'on puiſſe trouver. Il m'eſt ſouvent arrivé de deſſécher de ſemblables terreins, ſans qu'on s'apperçût qu'il y avoit des foſſés, principalement lorſque je trouvois un peu d'écoulement à l'eau.

Pour cet effet, je faiſois faire une tranchée auſſi profonde qu'il étoit néceſſaire, je la faiſois combler avec des fagots d'épine, ne laiſſant que deux pieds francs juſqu'au haut du foſſé; je faiſois enſuite combler ces deux pieds avec de la terre, & faiſois ſemer partout de la graine de foin. Cela m'a ſouvent réuſſi, & j'en faiſois de très-bons pacages.

La qualité du terrein qui me reſtoit à mettre en valeur me paroiſſoit beaucoup ſupérieure en bonté à celle que j'avois j'avois fait exploiter : on ne pourroit cependant pas la mettre au rang des bonnes. Comme ce terrein consistoit presque tout en bruyeres & landes, j'y fis mettre le feu, en suivant la méthode que j'ai prescrite ci-dessus.

Pour exciter l'activité de mes hommes de journée, je leur donnois quelque chose au-delà de ce qu'on avoit coutume de leur payer dans le pays, & mon ouvrage avançoit à souhait.

Je fis passer quatre fois la charrue dans les terres labourables ; mais n'ayant point de fumier, & ne pouvant par conséquent espérer une récolte avantageuse, je fis remplir mes guérets de bled de Turquie & de mil, & ordonnai de semer le tout si clair, qu'un boisseau me suffisoit pour six arpens. J'eus la précaution de faire mettre le bled de Turquie grain à grain dans les sillons, à mesure que la charrue passoit pour les couvrir.

Pendant ce tems je faisois travailler aux soixante arpens que je voulois mettre en sain-foin & en luzerne. Ils étoient environnés de bons fossés, & séparés par piéces de quatre, de cinq & de six arpens : la terre étoit bien préparée & bien fumée ; mais je n'avois point de ſemence. A la fin un Aubergiſte de Paris, auquel je m'étois adreſſé, m'en envoya ; mais je ne la trouvai pas auſſi vivace qu'on me l'avoit fait eſpérer, & je la fis ſemer un peu épaiſſe, y faiſant mettre une demi-ſemence d'avoine.

La terre que je deſtinois pour faire des prairies artificielles étoit très-ſablonneuſe ; mais à quatre doigts ſous la ſuperficie, le ſable étoit gras & promettoit beaucoup. Ne connoiſſant pas la nature de ce terrein, je riſquois beaucoup ; mais le hazard me favoriſa : ces prés, au bout de dix-huit ans, rapportoient encore avec abondance.

Comme j'avois beſoin de verd précoce, je fis ſemer environ quatre arpens, moitié veſce & moitié féverolles ; ce qui me fut d'un grand ſecours dans les mois de Mai & de Juin.

Il ne me reſtoit plus à exploiter qu'un miſérable bois taillis qui pouvoit avoir deux cens cinquante arpens. Jamais je n'ai vû de bois en ſi mauvais état. Les jets de neuf ans n'avoient pas trois pieds de haut : les ſeps étoient ſi rares & ſi éloignés les uns des autres, qu'il se trouvoit dix toises de distance entre la plûpart. D'ailleurs, ils étoient broûtés par-tout & entiérement rabougris. Je jugeai, par ce que me dirent les deux malheureux Fermiers de ces terres, qu'ils fondoient sur ce bois toutes leurs espérances pour payer le prix de leurs fermes. Ils y avoient mis un troupeau d'environ cent brebis, une vingtaine de chévres, six vaches & quelques ânesses. Les branches des arbres leur fournissoient environ cinq cens fagots qu'ils alloient vendre dans les villes voisines. Voilà l'unique ressource qu'ils avoient pour se procurer de l'argent.

Je fis arracher tous les arbres qui étoient autour de ce taillis, & ne conservai que la partie intérieure qui me paroissoit en meilleur état. J'en défrichai à-peu-près cinquante arpens, & en laissai deux cens. Les ouvriers que j'employai à ce défrichement trouverent à-peu près deux cens quatre-vingt liv. de belles truffes, sans comprendre ce qu'ils en avoient caché. Dans ce tems mon ami reçut ordre d'aller rejoindre sa troupe; il me laissa une procuration qui m'autorisoit à faire sur ses terres tout ce que je jugerois à propos. Je continuai mes opérations.

Je fis équarrir une partie de ce bois que j'avois fait arracher ; j'en vendis pour quatorze cens livres, & il en restoit pour une somme plus considérable. Je fis ensuite entourer le reste du taillis avec une barricade bien assurée en terre, élevée de sept pieds, entrelacée pour former de petites mailles, le tout ficelé avec du fil de fer : j'avois dessein d'en former une bergerie.

Ma barricade étant solidement faite, je partis à la fin de Mai pour Charante, Marans & Luçon, où j'achetai trente brebis & un bellier de la grande espéce : je les fis conduire par un berger du pays, avec les précautions dont j'ai parlé ci-dessus. En arrivant, je fis mettre ce petit troupeau dans le parc que j'avois préparé : j'y fis faire une autre enceinte, où l'on bâtit une cabane pour le berger, autour de laquelle on mit un angar qui servoit de retraite aux brebis. Je le fis construire à-peu-près de la même maniére que je l'ai dit plus haut. Je fis labourer au pic toutes les éclairées du bois, & y fis semer de la graine de foin ordinaire, laquelle réussit très-bien; j'en fis un pacage plus abondant que je ne l'avois espéré. J'avois soin de faire arracher toutes les mauvaises herbes, à mesure qu'elles vouloient pousser.

Cette bergerie étoit très-agréable. Le berger n'avoit d'autres peines que celle d'ouvrir le matin la bergerie : tout le petit troupeau se répandoit de lui-même dans le bois, sans que le berger l'y conduisit. Pendant ce tems il s'occupoit à tirer de l'eau, pour remplir les auges, nettoyoit & garnissoit les rateliers. Les brebis s'accoutumerent tellement avec lui, que quand il vouloit les faire rentrer dans la bergerie, il prenoit son flageolet, ou sa corne-muse; elles accouroient toutes autour de lui, sans en excepter une seule.

Il faut remarquer qu'en faisant labourer tous les vuides de ce mauvais taillis, & semer sur le premier labour de la graine de foin ordinaire, je fis deux choses utiles à la fois. Le labour fait beaucoup de bien au bois, & l'on se prépare un pré & un bois en même-tems. Ce pré n'eſt pas bon à faucher, j'en conviens ; mais il eſt d'un grand ſecours pour un troupeau pendant l'année.

Enfin je commençai à voir le fruit de mon travail, & je vais en peu de mots le faire connoître. La graine de foin que j'avois fait ſemer dans les endroits bas & aquatiques au mois de Mars précédent, étoit d'un auſſi bon rapport, & promettoit autant que les meilleures prairies de France. Je les fis faucher ; on bottella le foin, & on le péſa. Je trouvai que le produit montoit à quatre-vingt-cinq milliers de foin ; le millier valoit cette année douze francs. Cet objet faiſoit un produit net de huit cens livres.

Je ne dois pas omettre ici que ceux qui ſont dans le cas de ſemer du ſainfoin ne ſçauroient apporter trop de précautions pour qu'on ne les trompe pas ſur la graine. Souvent ceux de qui on l'achete en vendent de vieille. Il faut s'adreſſer, ſi cela eſt poſſible, à quelqu'un qui ait véritablement de la bonne foi. Il faut d'ailleurs que cette graine ſoit d'un rouge foncé & rembruni, qu'elle ne sente pas l'échauffé, que son germe soit en vigueur. Si elle est bonne & semée un peu épaisse, elle réussira toujours dans des terres bien apprêtées. Il n'en est pas de même de la luzerne, qui demande beaucoup de terreau & de préparations.

Je reviens à mon sujet : lorsque le foin fut serré, j'allai dans la Navarre, où j'achetai quatre belles jumens du pays, & propres à jetter de beaux & bons poulains ; j'y joignis un cheval entier âgé de quatre ans. Pour m'aider à conduire ce petit haras, je pris un garçon du pays, & je le gardai pour en avoir soin, à raison de quarante livres par an. Voulant augmenter ce haras, j'allai à une foire du Bas-Poitou, où j'achetai encore quatre jumens qui avoient chacune un poulain de l'année. Voilà le commencement d'un haras, que mon ami augmenta au point d'en tirer dix-huit cens livres par an.

L'avoine que j'avois fait semer dans les soixante & dix arpens de sain-foin & de luzerne, vint si bien, que j'en vendis pour deux mille six cens livres, outre une abondante provision que je conſervai. On n'a point de ſatisfaction complette : ma luzerne manqua, parce que la graine étoit mauvaiſe : je la remplaçai par du ſainfoin.

J'avois aſſez de foin & de petite paille pour paſſer l'hiver, mais je n'avois pas de quoi faire de la litiére, & n'en trouvois point à acheter. J'en avois cependant un beſoin indiſpenſable pour mes beſtiaux, & pour faire du fumier. Après avoir cherché des moyens pour m'en procurer, je pris le parti de faire publier dans neuf Paroiſſes voiſines, que je donnerois un ſol à ceux qui me fourniroient la charge d'un âne de feuilles mortes. Dans une ſemaine je vis arriver plus de trois mille charges. J'en fis deux tas de fumier conſidérables. Pour cet effet, je demandai & j'obtins la permiſſion de faire faucher les joncs & autres herbes des étangs voiſins ; je fis ramaſſer dans les forêts plus de cinquante charretées de fougere : je mis le tout à pourir dans des mares pendant l'hiver. Les feuilles d'arbres, avec les grandes & petites pailles me ſervirent à faire de la litiere ; & au printems je fus en état de faire diſtribuer deux mille ſept cens charretées de fumier dans les endroits qui en avoient beſoin.

Pour continuer le détail de ma récolte, je vais faire l'énumération de ce que me produiſirent le mil & le bled de Turquie. Je retirai neuf cens quatre-vingt boiſſeaux de mil, & le bled de Turquie que j'avois fait ſemer en même-tems & en même quantité, m'en rapporta mille ſoixante-ſix.

Pour faire voir avec exactitude le produit de ma récolte, qui paroîtra ſurprenant, je vais préſenter un état de ma dépenſe pendant toute l'année : elle ſe trouva monter, ſuivant l'état que j'en faiſois, à la ſomme de ſix mille ſix cens quarante livres, ci . . . 6640 liv.

Année de la rente . . .	600
Total	7240

Produit de la récolte en détail.

Je vendis du mil pour neuf cens livres, ci . . . . . . 900 liv.

Du bled de Turquie pour	1012
De l'avoine pour . .	2500
Du foin pour	850
	5262

De l'autre part . . .	5262 liv.
Du bois que j'avois fait arracher	1400
Total	6662

Ma dépenſe montoit à 7240 livres, & ma récolte à 6662 liv. Il s'enſuit delà que la dépenſe excédoit le produit de cinq cens ſoixante & dix huit livres; mais j'avois pour cet excédent huit jumens, quatre poulains, un cheval entier, & un troupeau de brebis. On peut s'imaginer quelle étoit ma ſatisfaction d'avoir fait rapporter ſept mille livres à une terre qui n'en produiſoit que trois cens. On va voir que le produit de l'année ſuivante fut plus conſidérable.

Mon ami revint vers la fin de l'année 1736 partager avec moi les ſoins que je prenois pour faire valoir ſon bien. Il amena avec lui quatre belles cavâles de réforme qu'il avoit achetées à Paris. Je lui fis voir tout ce que j'avois fait, & il en fut auſſi content qu'il devoit l'être. Son haras lui plut beaucoup: mais il vit ſes brebis avec une ſatisfaction mêlée d'étonnement.

Voici les dépenſes que nous concertâmes de faire pour l'année suivante.

1°. Il falloit faire construire dans chacune des maisons des écuries, des granges & des murs d'enceinte. Prix fait avec le Maçon, ces ouvrages coûterent trois mille sept cens livres payables en quatre années, ci . . 3700 liv.

2°. Cinq arpens en vignes 275

3°. On acheta quatre belles mules & quatre jeunes bœufs; le tout coûta deux mille liv. 2000

4°. On fit prix avec un homme pour donner quatre labours chaque année au taillis de châtaigniers; ce qui ne devoit s'exécuter que pendant deux ans, à raison de deux cens livres par an, ci . . . 200

5°. Cent cinquante livres par an à un autre pour faire la même opération à la glandaye, autant de fois & pendant le même espace de tems, ci . . 150

6°. On renvoya les deux Fermiers, & on donna à chacun cent livres par forme de dédommagement, ci . . 200

6525

De l'autre part . . .	6525 liv.
7°. Pour les gages de quatre valets qu'on fut obligé de prendre, cent soixante livres, ci	160
8°. Pour ceux de deux servantes, à raison de vingt-quatre livres par an, ci . .	48
9°. L'achat de quatre charrettes, avec les ustenciles . .	650
10°. Les gages du valet d'écurie	40
11°. Gages du berger avec sa nourriture	200
Total	7623

Lorsque les granges & les écuries furent construites dans chacune des deux maisons, nous y fîmes distribuer les harnois & équipages. Nous partageâmes également les prés naturels & artificiels, & nous observâmes la même égalité à l'égard des terres labourables; de maniere que nous en fîmes deux belles Fermes.

Les paysans des environs reclamerent l'endroit où nous avions planté de la vigne, prétendant que c'étoit un commun qui leur appartenoit. Loin de les écouter, nous nous emparâmes de la totalité du prétendu commun, & le plantâmes en vigne. Ils voulurent nous intenter un procès. Nous prîmes trois Avocats pour nous juger, avec promesse de nous en rapporter à leur décision de part & d'autre. Les paysans n'avoient point de titres, ils furent déboutés de leur demande. Cette vigne est devenue si fertile, qu'elle rapporte six à sept cens piéces de vin par an, jauge de Bordeaux.

J'avois eu soin de faire préparer les terres labourables dès le mois de Juillet 1735. Je fis venir du froment de Mars, de l'orge & de l'avoine de la plus belle espéce qu'il fut possible de trouver, & je distribuai entre les valets de chaque maison les terres & les semences par égale portion. Ils semerent chacun soixante septiers de froment, quarante d'orge, & vingt un d'avoine. Lorsque l'ouvrage fut achevé, je m'apperçus que les bœufs & les mules étoient amaigris & fatigués. Je les laissai reposer pendant huit jours, au bout desquels je les mis au verd, sans les faire saigner, contre l'usage universellement reçu. L'expérience m'a prouvé qu'il ne falloit faire saigner les animaux que dans des cas absolument indispensables. La bergerie avoit beaucoup multiplié. Je fis partager le grand parc en deux parties presque égales par une barricade ; de maniere que les meres pouvoient paître d'un côté, & les agneaux prendre l'air de l'autre : ils pouvoient se voir réciproquement, sans se réunir.

Vers le milieu du mois de Mai je fis tondre les moutons, qui me fournirent cent quatre-vingt livres de très-bonne laine ; je vendis pour soixante-dix sept livres d'agneaux, & ma laine sur le pied de cinquante sols la livre.

Dépense pour la Bergerie.

Pour la paille, le son, l'avoine, &c.	70 liv.
Pour les faire tondre, pour le sel, pour le regain, pour le berger	180
Total . . .	250

Produit.

	liv.
Agneaux vendus aux bouchers	66
Laine	455
Cinquante agneaux gardés	300
Laine des agneaux toutes à quarante fols la livre . .	300
Total du produit . . .	1121
Dépenfe à déduire	250
Refte de profit	871

On voit par-là qu'un troupeau de foixante & dix de ces brebis peut rapporter, tant en agneaux, laine & fromage, deux mille livres de profit par an.

Voyant le tems de la moiffon arriver, je pris fept Moiffonneurs, avec lefquels je fis les conventions fuivantes. Sçavoir, qu'ils couperoient des rouches & les feroient faner pendant 24 heures, pour former les liens des gerbes, ou à leur défaut, qu'ils en feroient avec des liens de noifettiers; qu'ils battroient en aire, non en grange; & fi-tôt que les gerbes feroient arrivées, qu'ils vaneroient & mefureroient tous les foirs, lorfque le vent le permettroit, ce qu'ils auroient battu pendant le jour, & préleveroient le treiziéme boiffeau pour leur droit ; qu'ils ne battroient qu'après avoir coupé tous les bleds & formé l'aire, laquelle feroit conftruite felon mon goût ; que les gerbes feroient entaffées à ma volonté, & rangées de maniere que la pluie ne pourroit les endommager ; que leurs enfans ni leurs femmes ne pourroient glaner dans les champs qu'ils moiffonneroient, me réfervant de choifir les glaneufes, & de marquer le tems où elles pourroient glaner ; qu'elles apporteroient à l'aire ce qu'elles auroient glané, & que je le partagerois avec elles. Je m'engageai de les régaler le jour qu'ils feroient leur aire, & celui qu'ils finiroient de battre.

Voici les raifons qui m'engagerent à faire le marché ci-deffus. J'exigeai des liens de rouches, parce qu'ils ne caffent point, ne fe délient point, & ne brifent pas la paille. J'étois à quatre lieues d'une riviere navigable, qui fervoit à voiturer toutes les denrées à Bordeaux. Les bleds dans ces cantons ne ſont recherchés que depuis le premier Novembre, juſqu'à la mi-Carême au plus tard : il étoit donc de mon intérêt de faire battre les miens promptement, afin de pouvoir les vendre dans le tems favorable ; ainſi j'avois exigé qu'on les battît promptement.

Pour ce qui regarde l'aire, je la fis conſtruire de la maniere ſuivante. Je cherchai un endroit uni où rien ne pouvoit rompre le vent : je le fis nettoyer & préparer ; on le battit enſuite avec des maillets de bois. Lorſque l'aire fut bien affermie, j'y fis mettre trois couches de fiente de bœuf que j'avois eu ſoin de faire détremper. Par ce moyen mon aire devint ſi unie, qu'il ne pouvoit y entrer aucune graine. Les précautions que je pris à l'égard des glaneuſes étoient ſi juſtes, qu'il me paroît inutile d'en expliquer les motifs.

Avant de parler de la récolte, je vais donner un état de la dépenſe que nous fîmes obligés de faire cette année. Il eſt tiré des regiſtres que je tenois, & qui me ſont reſtés entre les mains.

Etat de la dépenſe.

	liv.
Les quatre jumens coûterent	310
Conſtruction des granges & écuries	3700
Plantation de la vigne . .	575
Mules & bœufs . . .	2000
Pour labourer le taillis & la glandaie	350
Gages & nourriture des quatre domeſtiques . . .	500
Pour le garçon du haras & le berger	320
Nourriture & gages des deux ſervantes	160
Charrettes, charrues & harnois	650
Foſſés du prétendu commun, maiſon, gages & nourriture du Garde	2700
Labours, avant d'avoir des valets	330
Froment pour ſemer . .	988
Orge & avoine pour ſemer	503
Pour enſemencer de nouveau la luzerne	315
	13401

De l'autre part . . .	13401 liv.
Autres menus faux-frais	400
La rente de douze mille livres	600
Total	14401

Je ne fis point entrer dans l'état de dépenſe quatre-vingt ſeize livres que mon ami donna aux Avocats qui accommoderent ſon affaire pour le commun, & les deux cens livres qu'il donna en forme de dédommagement aux deux Fermiers.

Produit de la récolte.

	liv.
Les prés en foin ordinaire produiſirent	1000
Le regain	350
Cent quarante-ſix milliers de ſainfoin	1500
Regain du ſainfoin . .	400
Récolte du prétendu commun	2350
On mit dans les greniers 800 ſeptiers de froment . .	12000
Cinq cens ſeptiers d'orge	4000
Deux cens dix d'avoine .	660
	22260

De l'autre part . . .	22260 liv.
Deux jeunes poulains âgés de deux ans	300
Le troupeau, compris les fromages	1000
Total du produit de la récolte	23560
Dépense	14410
Reste de produit . . .	9150

Cette terre, qui n'avoit jamais été affermée que trois cens livres, produit, par le moyen d'une Agriculture bien entendue, neuf mille cent cinquante livres. Cet exemple prouve que tous les Cultivateurs pourroient tirer un meilleur parti de leurs terres, s'ils avoient l'attention d'approprier ce qui leur convient, & de choisir en même tems les denrées qui sont de défaite. Je soutiens qu'un arpent de terre peut rapporter tous les ans cent livres, toute dépense prélevée, si le Cultivateur est intelligent.

Voyant que ma présence n'étoit plus nécessaire à mon ami, qui, en suivant mes principes, pouvoit faire valoir son bien, & en tirer un parti avantageux, je le quittai. Il prit avec lui, ſuivant mon conſeil, un jeune homme fort intelligent, & lui afferma par la ſuite ſes terres pour le prix de trois mille neuf cens livres; ſans y comprendre ſa vigne qui, outre ſa proviſion de vin, lui rapporte tous les ans trois mille cent livres; ſa bergerie dont il tire tous les ans deux mille cinq cens livres. Il fit couper ſon taillis de châtaigniers au bout de ſept ans, & en tira douze mille trois cens dix livres. Son revenu annuel ſe monte donc à près de douze mille livres. Je ne ſuis entré dans ces détails que pour encourager les Cultivateurs qui ont dans leurs mains des richeſſes qu'ils ne connoiſſent pas.

FIN.

APPROBATION.

J'Ai lû, par ordre de Monseigneur le Vice-Chancelier, un Ouvrage manuscrit intitulé : *Le vrai Manuel des Agriculteurs*, & je n'y ai rien trouvé qui puisse en empêcher l'impression. A Paris, ce 12 Juillet 1766.

GARDANE.

PRIVILEGE DU ROI.

LOUIS, par la grace de Dieu, Roi de France & de Navarre : A nos amés & féaux Conseillers les Gens tenans nos Cours de Parlement, Maîtres des Requêtes ordinaires de notre Hôtel, Grand-Conseil, Prévôt de Paris, Baillifs, Sénéchaux, leurs Lieutenans Civils, & autres nos Justiciers qu'il appartiendra ; salut. Notre amé le sieur LAMBERT, Imprimeur-Libraire, Nous a fait exposer qu'il desireroit faire imprimer & donner au Public un Ouvrage qui a pour titre : *Le vrai Manuel des Agriculteurs* ; s'il Nous plaisoit lui accorder nos Lettres de Permission pour ce nécessaires : A ces causes, voulant favorablement traiter l'Exposant, Nous lui avons permis & permettons par ces Présentes de faire imprimer ledit Ouvrage autant de fois que bon lui semblera, & de le vendre, faire vendre & débiter par tout notre Royaume pendant le tems de trois années consécutives, à compter du jour de la date des Présentes. Faisons défenses à tous Imprimeurs, Libraires, & autres personnes de quelque qualité & condition qu'elles soient, d'en introduire d'impression étrangere dans aucun lieu de notre obéissance. A la charge que ces Présentes seront enregistrées tout au long sur le Registre de la Communauté des Imprimeurs & Libraires de Paris dans trois mois de la date d'icelles; que l'impression dudit Ouvrage sera faite dans notre Royaume, & non ailleurs, en bon papier & beaux caracteres, conformément aux Réglemens de la Librairie, & notamment à celui du 10 Avril 1725, à peine de déchéance de la présente Permission; qu'avant de l'exposer en vente, le Manuscrit qui aura servi de copie à l'impression dudit Ouvrage sera remis dans le même état où l'Approbation y aura été donnée, ès mains de notre très-cher & féal Chevalier Chancelier de France le sieur DE LAMOIGNON, & qu'il en sera ensuite remis deux Exemplaires dans notre Bibliothéque publique, un dans celle de notre Château du Louvre, un dans celle dudit sieur DE LAMOIGNON, & un dans celle de notre très-cher & féal Chevalier Vice-Chancelier & Garde des Sceaux de France le sieur DE MAUPEOU; le tout à peine de nullité des Présentes. Du contenu desquelles Vous mandons & enjoignons de faire jouir ledit Exposant & ses ayans causes pleinement & paisiblement, sans souffrir qu'il leur soit fait aucun trouble ou empêchement. Voulons qu'à la copie des Présentes, qui sera imprimée tout au long au commencement ou à la fin dudit Ouvrage, foi soit ajoutée comme à l'Original. Commandons au premier notre Huissier ou Sergent sur ce requis, de faire pour l'exécution d'icelles tous actes requis & nécessaires, sans demander autre permission, & nonobstant clameur de Haro, Charte Normande, & Lettres à ce contraires : Car tel est notre plaisir. Donné à Compiégne le vingtieme jour du mois d'Août, l'an de grace mil sept cent soixante-six, & de notre regne le cinquante-unieme. Par le Roi en son Conseil.

LE BEGUE.

Registré sur le Registre XVII de la Chambre Royale & Syndicale des Libraires & Imprimeurs de Paris, n°. 990, folio 29, conformément au Réglement de 1723. A Paris, ce 26 Septembre 1766.

GANEAU, *Syndic.*

www.ingramcontent.com/pod-product-compliance
Ingram Content Group UK Ltd.
Pitfield, Milton Keynes, MK11 3LW, UK
UKHW020943180726
13838UKWH00003B/1095

9 782329 325408